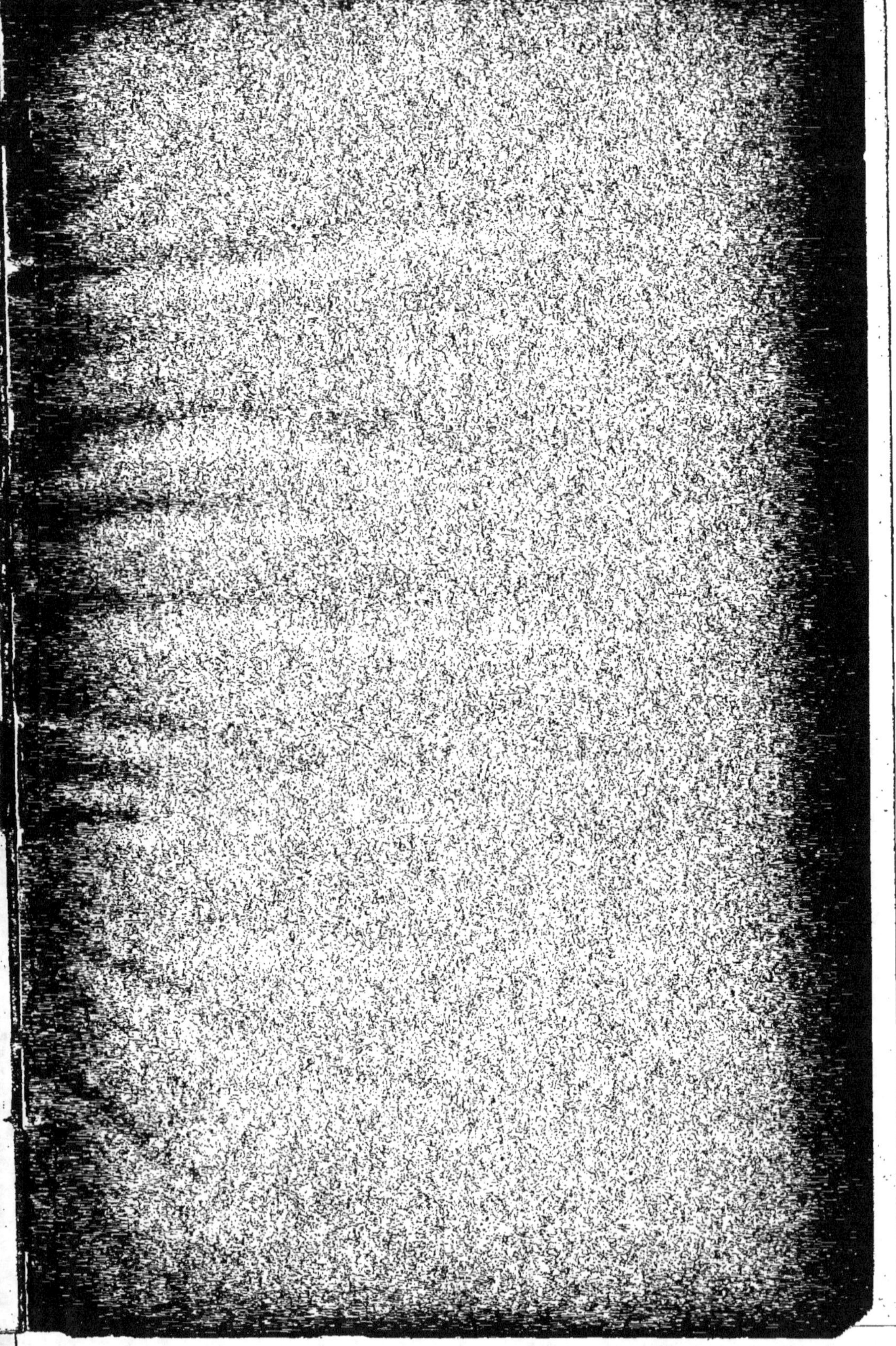

DES AVANTAGES

QUE LES

SCIENCES ETHNOGRAPHIQUES

PEUVENT RETIRER DE LA MORPHOLOGIE CRANIENNE

PAR LE

D' E. VERRIER

Vice-Président de la Société d'Ethnographie.

Le Congrès des Sciences Ethnographiques qui vient de finir a définitivement fixé les limites de l'Ethnographie.

Cette science, qui embrasse l'étude de l'humanité dans toute son évolution, a distancé de beaucoup dans le monde du progrès scientifique l'anthropologie proprement dite. Celle-ci, après de séduisantes espérances, s'est vue réduite à l'étude de l'homme physique et de ses rapprochements avec les animaux.

Or, que l'homme soit le résultat de la transformation d'autres mammifères, ou qu'il ait été l'objet d'une création spéciale par l'auteur de la première cellule organisée, l'étude qui le concerne n'est plus qu'une branche des sciences naturelles et l'anthropologie se confond alors avec la zootechnie, si l'on veut établir des termes de comparaison dans l'échelle animale.

Une des méthodes de l'anthropologie appliquée au classement des diverses races humaines, que l'on a appelé l'anthropométrie, a été reconnue depuis quelques années, par les membres les plus distingués de la Société d'Anthropologie, comme absolument fautive dans ses déductions.

Il n'est pas jusqu'à la grande division des crânes en brachycéphales et dolicocéphales qui ne soit une source continuelle d'erreurs pour le naturaliste. M. le D' Fauvelle, dans une des séances de la Société d'Anthropologie a parfaitement expliqué la cause de ces erreurs, et il a établi que la méthode des indices moyens, si vantée par ses premiers partisans, était décevante par ses écarts dans les séries examinées.

Aussi les maîtres de l'anthropologie ont-ils renoncé à prendre l'indice céphalique qui, dans une série de 14 crânes auvergnats reconnus comme brachycéphales, a donné à M. Boyer des écarts de 68.42 à 78.94. Cet indice en donne du reste constamment encore dans les mains des plus habiles anthropologistes : Hovelacque, Pruner bey, Carl Vogt, Collignon, Girard de Rialle, etc. L'anthropométrie des indices faciaux eux-mêmes, pourtant si féconde en résultats lorsqu'il s'agit de la face de nos animaux domestiques (A. Samson), est encore, dans l'espèce humaine, très sujette à erreur.

Nous avons examiné personnellement l'indice orbitaire sur un assez grand nombre de crânes de presque toutes les races et nous avons reconnu, aussi bien sur les microsèmes que sur les mégasèmes, des variations considérables dans la même série. Cela peut tenir à des cas individuels, soit ; — il n'en est pas moins vrai qu'il suffit d'un seul mégasème pour vicier les résultats d'une série microsème et *vice versa.*

Ce n'est pas seulement dans les pays exotiques qu'on trouve ces variations, mais aussi dans nos régions tempérées. M. Manouvrier me disait dernièrement que, sur une série de crânes de Parisiens des catacombes, on trouvait des différences considérables dans la forme et la grandeur de l'orbite. Il en est de même pour l'indice nasal. Or, si les moyennes donnent de pareils résultats, quel sera désormais notre *critérium,* puisqu'il est reconnu que l'étude d'un crâne isolé n'a aucune valeur ?

Force nous sera donc de donner la préférence à la morphologie du crâne, jadis si dédaignée, sur la céphalométrie, et de se rapprocher ainsi des conseils donnés par M. de Rosny dans ses *Eléments d'Ethnographie.*

La question du métissage, qui se complique tous les jours de plus en plus et rapproche dans une mésaticéphalie commune les extrèmes les plus considérables, rend encore plus difficile toute appréciation anthropométrique ; et c'est une raison de plus pour ne tenir compte en ethnogénie que de la forme visuelle, la morphologie, dans la recherche des éléments ethniques composant une nationalité.

On tiendra compte aussi de l'état des sutures, de l'existence des os wormiens, de la saillie plus ou moins prononcée des bosses frontales, des arcades sourcilières, des trous pariétaux, de la prédominance du diamètre bi-pariétal qui à lui seul fait varier du plus au moins la détermination de l'indice céphalique, et, enfin, du développement de l'occipital.

Après cet examen de détail, on procédera à une vue d'ensemble en inspectant successivement le crâne de profil (*norma latérale*) ; de face (*norma antérieure*) ; de haut (*norma supérieure*) ; du côté de l'occipital (*norma postérieure*) et enfin, par dessous, c'est-à-dire qu'on inspectera la base du crâne (*norma inférieure*).

On pourra aussi toujours, sur un crâne sec et vide, compléter par l'inspection de l'endocrâne où l'on constatera les impressions digitales et les éminences mamillaires produites par l'empreinte du cerveau.

Il sera bon également de tenir compte de l'épaisseur des os, ainsi que du développement des sinus frontaux et du diploë.

Si, après cela, on veut prendre des mesures, rien n'empêche de prendre les longueurs maxima des diamètres antéro-postérieur et transverse maximum, mais en les comparant isolément aux mêmes mesures prises sur d'autres crânes, sans avoir recours à la méthode des indices.

Quant à la capacité crânienne, elle est aussi très sujette à donner de faux résultats d'après la matière employée pour remplir la cavité du crâne (plomb, chènevis, etc.), et d'après la méthode de tassement, le coup de pouce pour ainsi dire. Nous avons vu, au laboratoire d'anthropologie, varier des cubages fait par un individu très exercé, sur un seul et même crâne de 20 cc. et plus à chaque cubage.

Nous avons essayé nous-même sans meilleur résultat.

Broca déclarait, du reste, que la plus grande exactitude possible ne pouvait s'obtenir qu'à 5 cc. près.

D'ailleurs la détermination de la capacité crânienne ne fait pas connaître exactement le volume du cerveau qui est toujours inférieur à cette capacité. On peut donc sans grand inconvénient négliger ce point de comparaison.

En définitive, pour montrer combien les anthropologistes les plus distingués éprouvent parfois de difficultés à déterminer la provenance d'un crâne qui leur est soumis, laissez-moi vous narrer un petit problème que j'ai posé devant les éminents membres du dernier Congrès des Sciences Anthropologiques, au mois d'août dernier.

Un de nos collègues, M. Éloffe, m'avait confié deux crânes exotiques, en me faisant part de leur provenance et de leur histoire. J'avais complété, par la craniométrie, les éléments qui m'étaient nécessaires.

Ce sont ces deux crânes que je montrai un dimanche dans la salle de correspondance du Collège de France, où avait lieu le Congrès, à deux des membres les plus éminents de ce congrès, MM. Carthailac et Verneau, en leur demandant de vouloir bien m'indiquer leur provenance et me dire s'ils ne les croyaient pas de la race des Guanches que M. Verneau avait étudiée tout particulièrement.

Ces messieurs me répondirent qu'ils en avaient en effet quelques caractères, mais M. Verneau ajouta qu'en tout cas, il les croyait fortement métissés.

M. de Lapouge, de Montpellier, qui vit également ces crânes, me dit qu'il y reconnaissait des caractères mélanésiens.

En effet, Messieurs, ces deux crânes étaient des crânes d'Australiens, de la tribu des Ayardis, située à environ 150 milles à l'Est de Champson-bay (West Australia).

Il n'ont rien de préhistorique: je connais leur histoire qui est assez dramatique, mais que je ne rapporterai pas ici, attendu qu'elle n'a rien de scientifique. Ces crânes n'en sont pas moins curieux, surtout celui de l'homme (fig. 1), par la similitude qu'à première vue on serait tenté de lui trouver avec les crânes pré-

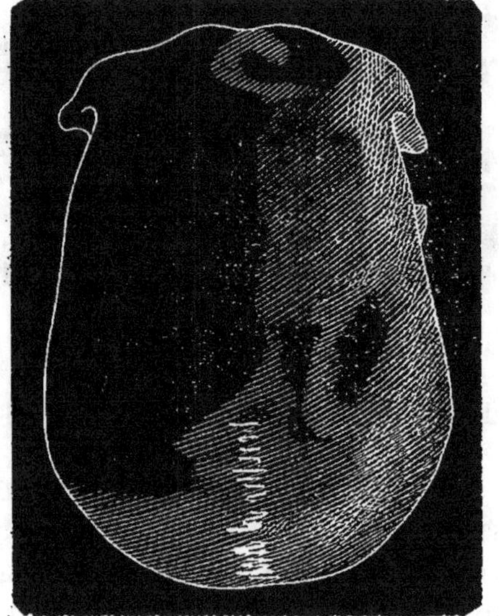

Fig. 1.

historiques, notamment ceux des Guanches ou de Cro-Magnon
(fig. 2).

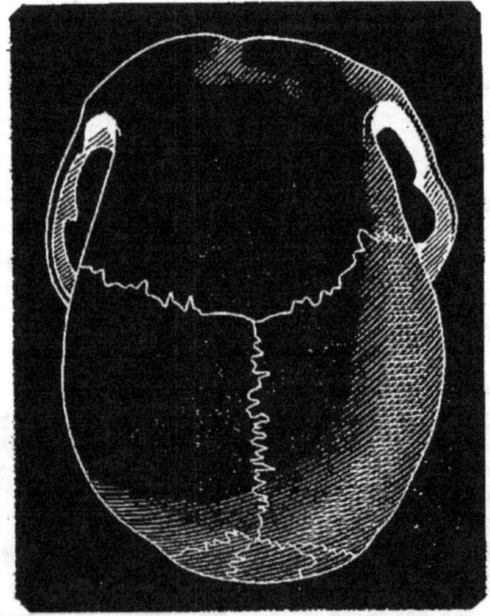

Fig. 2.

L'origine des Australiens est, comme vous le savez, très obscure. M. de Quatrefages en a signalé dans le pays plusieurs types. Les uns ont les cheveux frisés et crépus, les autres des cheveux longs et lisses. M. John Fraser nous en a décrit comme absolument glabres (*Bulletin de la Société d'Ethnographie*, 2ᵉ série, t. I, nᵒ 1, avec figures). Le *crania ethnica* les limite à deux types. Il faudrait tout le mérite de M. Fraipont, de Liége, qui a décrit et soumis au Congrès le crâne de l'homme de Spy (fig. 3) pour nous dire auquel de ces types

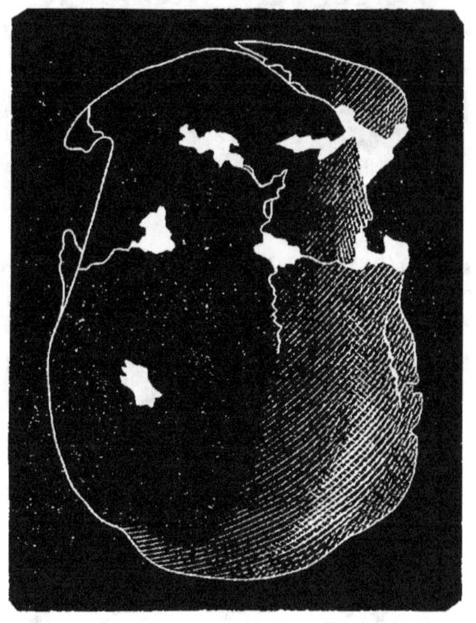

Fig. 3.

ceux-ci se rapportent et nous expliquer les dissemblances de ces crânes avec les préhistoriques.

Toutefois la race supérieure habite le centre de l'île, et l'inférieure est disséminée sur les côtes. Nos Australiens appartenaient donc à celle-ci, mais je n'ai eu garde de me lancer dans une dissertation qui n'aurait pas abouti, étant donnée ma qualification d'ethnographe.

Cependant, Messieurs, je me suis permis d'insister devant le Congrès sur l'utilité qu'il y aurait à ce qu'un anthropologiste de la valeur de MM. de Quatrefages, Hamy, Topinard, etc., voulut bien établir magistralement les caractères différentiels de ces crânes pour l'édification des archéologues, paléontologues, géologues, voyageurs ou simples amateurs qui, comme moi-même, ont besoin de s'éclairer aux lumières des sciences exactes dont l'anthropologie devrait faire partie, puisqu'elle

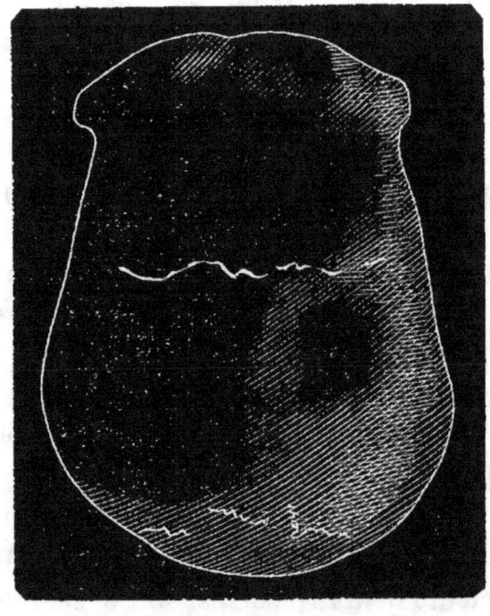

Fig. 4.

mesure au mètre, au compas et à la balance les divers sujets de ses études ; ce serait, ajoutai-je, la gloire du pays devant les hôtes illustres qui nous font l'honneur d'assister à ces grandes assises de l'anthropologie préhistorique.

Pour moi, après vous avoir soumis par comparaison les trois types principaux dont je viens de parler, car les crânes de Néanderthal et de Canstadt paraissent être de la même race (fig. 4) par la norma supérieure, puisque nous n'avons que les calottes crâniennes des crânes de Cro-Magnon et de Néanderthal, il ne me restera plus qu'à appeler votre attention sur la dolicocé-phalie prononcée du crâne australien masculin ; sur la voûte qui n'est pas aussi aplatie que dans les deux crânes préhisto-riques voisins ; sur la prédominance des arcades sourcilières et de la glabelle ; sur la saillie de l'occipital, l'enchevêtrement des sutures, la forme microsème des orbites ; le prognatisme et l'usure des dents, due à l'alimentation en partie végétale de ces tribus. La dernière molaire ou dent de sagesse est un peu plus petite que la précédente. D'après les renseignements qui m'ont été transmis, dans la tribu des Ayardis, les hommes se font arracher les incisives et subissent la circoncision. Je ne vous donnerai pas les indices que je connais parfaitement, car quelle que soit leur valeur, de l'aveu même de M. Manouvrier, cette notion « serait loin de valoir le coup d'œil d'un ignare gardien de musée qui aurait passé dix ou vingt ans à ranger ou à déranger des crânes ». (1)

Quant au crâne de la femme, il appartient à un sujet de 78 à 80 ans de la même tribu. Les arcades sourcilières et la gla-belle sont moins prononcées.

La voûte du crâne est plus aplatie que chez l'homme. La dolicocéphalie est sensiblement la même ; les orbites plus ar-rondies.

Les arcades zygomatiques, et par conséquent la fosse tempo-ro-zygomatique, moins grandes que dans le crâne masculin.

Enfin, le système dentaire correspond à celui de l'homme, bien qu'en moins bon état en raison de l'âge du sujet, de mê-me que la suture sagittale qui est en partie soudée. M. Éloffe possède aussi le maxillaire inférieur de cette femme ; il ne m'a pas paru, du reste, présenter rien de particulier. Celui de l'hom-me a été perdu.

Pour nous résumer, disons que lorsqu'un voyageur voudra étudier l'ethnographie d'un pays, il pourra, par rapport au crâne des habitants, se contenter de la morphologie crânienne, de même que pour les crânes secs qui pourraient tomber en sa

(1) *Bull. de la Soc. d'Anthr.*, t. II, 1883 p. 55.

possession, en tenant compte des différents points de comparaison que nous avons signalés.

Quant au reste des questions ethnographiques, il s'attachera à répondre, aussi fidèlement que possible, au questionnaire ethnographique qui lui sera remis par les soins de la Société, relativement à la taille, la couleur des cheveux, des yeux, les mœurs, le langage, la religion, les usages, coutumes et lois des naturels du pays qu'il aura à visiter.

Faisons, si vous le voulez bien, Messieurs, une application de ces principes. Envolez-vous avec moi sur l'aile de la pensée et transportons-nous au Japon, par exemple.

Nous y voyons vaquer 3 types différents qui ont été décrits par M. de Rosny au Congrès des Orientalistes de 1874. A cette époque notre sympathique président reconnaissait que l'anthropologie était appelée à apporter à l'ethnographe « un précieux contingent de renseignements (1) », et, conséquent avec lui-même, il nous décrit morphologiquement les trois types en question.

J'ai l'honneur, Messieurs, de les exposer sous vos yeux.

« Le 1er ou *type kourilien* (2), à peau souvent blanche et rosée, aux yeux peu ou pas bridés, au nez saillant, aux lèvres peu épaisses, au profil nettement dessiné et aquilin, à la taille moyenne et élancée. Le 2e, *type mongolique,* à face large et aplatie, aux yeux bridés, aux narines épaisses, à la taille assez élevée, à la démarche pesante, à la chevelure raide et épaisse. Le 3e, *type sinique,* de couleur jaune, aux yeux fortement bridés, aux pommettes saillantes, au nez épaté et au visage ovale ».

Cette année, au congrès de l'*Association française pour l'avancement des sciences,* j'ai décrit *un type de transition dans lequel ces divers* types tendent à se confondre de jour en jour pour n'en plus former qu'un seul. Ce simple aperçu, Messieurs, vous donnera une idée suffisante, j'aime à croire,

(1) *Congrès international des Orientalistes,* session de Paris, 1873, t. 1, p. 172.

(2) Voir les figures (*Loc. cit.* p. 176.)

des avantages que les sciences ethnographiques peuvent reti-
rer de la morphologie anatomique, et c'est là ce que je voulais
démontrer.

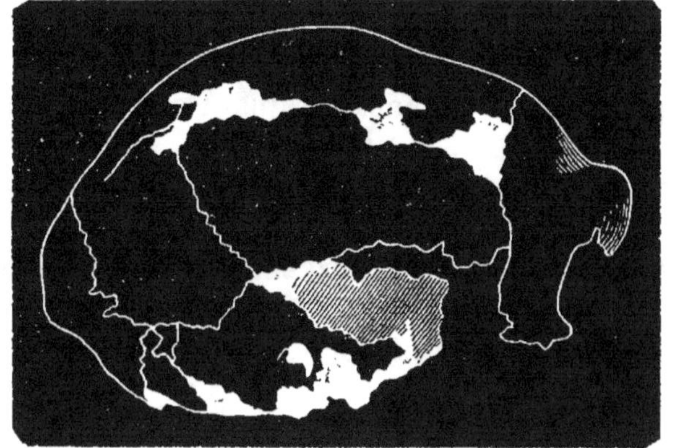

Fig. 5. (Australien)

En terminant, je désire vous soumettre la *norma latérale*
du crâne de l'Australien, ci-dessus visé, par comparaison avec
celle du crâne de Spy que je dois à l'obligeance du savant pro-
fesseur de paléontologie de l'Université de Liége (fig. 5 et 6).

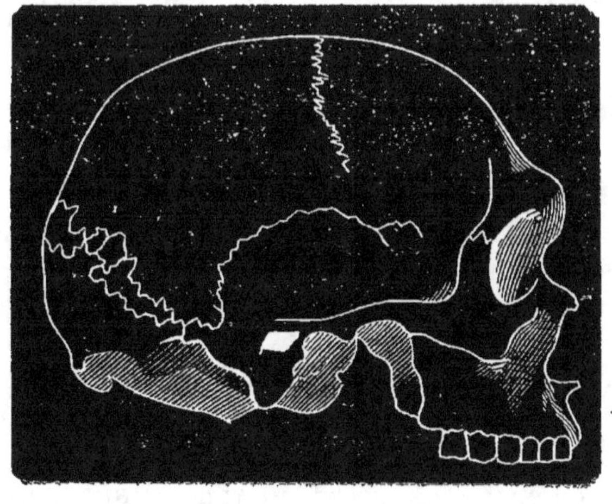

Fig. 6. (Crâne de Spy)

M. Fraipont m'avait même donné une lettre pour M. Hamy, afin que celui-ci pût me confier la magnifique photographie de la face de l'homme de Spy, que M. Fraipont avait reconstituée et dont il lui avait fait hommage ; mais M. Hamy ayant, m'a-t-il dit, catalogué cette pièce pour le Muséum, il lui était impossible de me la remettre. M. Fraipont m'a alors promis de m'en envoyer un autre exemplaire. Dès que je l'aurai, je reprendrai l'étude morphologique et anthropométrique comparative des crânes des races inférieures actuellement existantes avec celle des races préhistoriques.

Clermont (Oise). — Imprimerie Daix Frères, place Saint-André, 3.

201

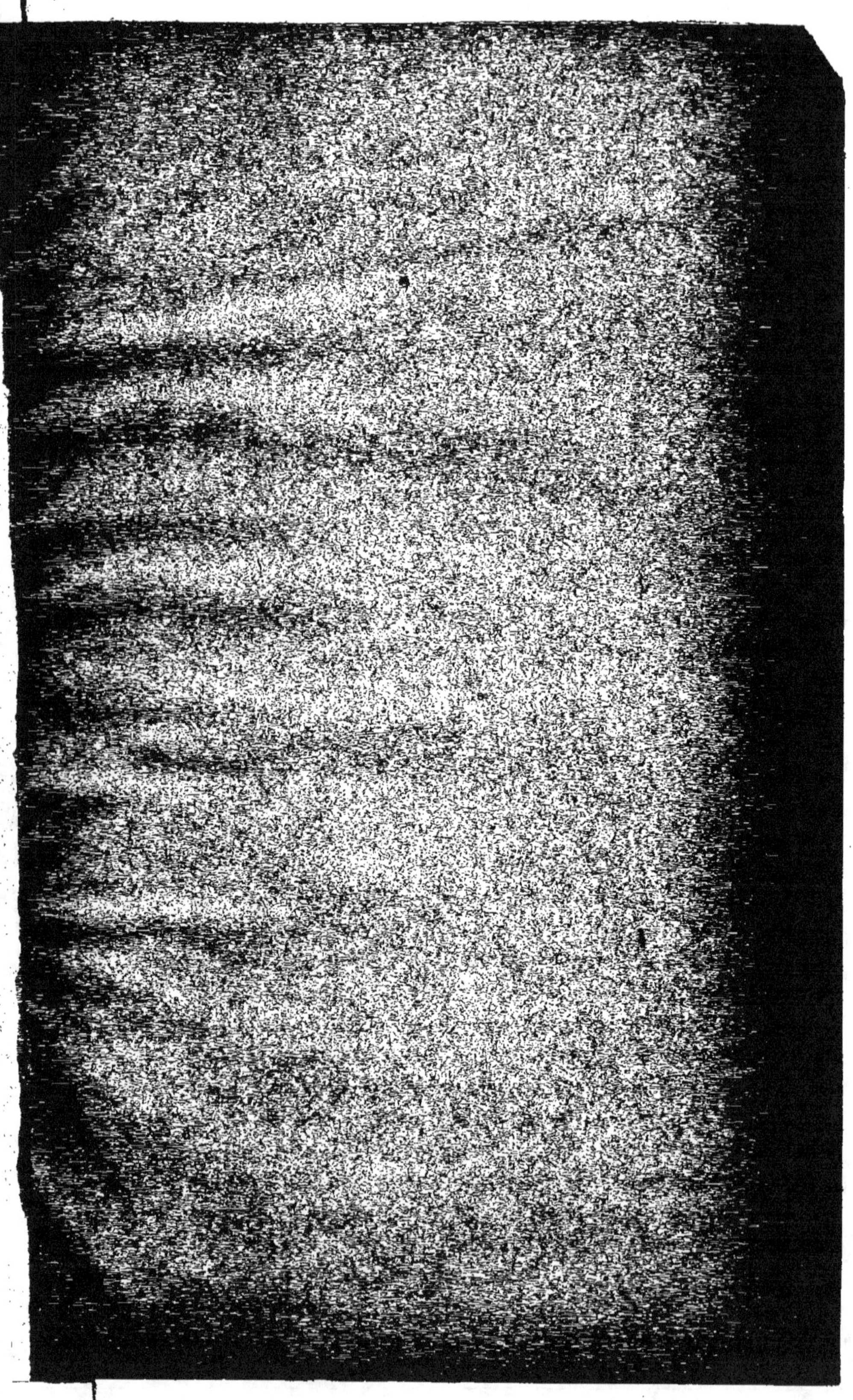